高校建筑学与城市规划专业教材
THE ARCHITECTURE & URBAN PLANNING SERIES

建筑绘画与表现技法

李延龄 李李 丁蔓琪 刘骜 编著

中国建筑工业出版社

图书在版编目（CIP）数据

建筑绘画与表现技法/李延龄等编著. —北京：中国建筑工业出版社，
2010（2020.12重印）
A+U高校建筑学与城市规划专业教材
ISBN 978-7-112-11788-8

Ⅰ.建… Ⅱ.李… Ⅲ.建筑艺术-绘画-技法（美术）-高等学校-
教材 Ⅳ.TU204

中国版本图书馆CIP数据核字（2010）第023790号

本书为高等学校建筑学专业和城市规划专业的建筑表现课程而编写，其内容共有8章，分别为：概论、建筑表现基础理论、钢笔画表现技法、钢笔水彩表现技法、彩色铅笔表现技法、马克笔表现技法、水粉画技法、建筑画表现实例。

各章节内容由浅入深，各有侧重，使学生能受到系统的表现技法的训练，从而更好地为建筑设计服务。

本书的编写力求以图为主，做到图文并茂。它既可作为高校建筑学与城市规划专业教材或教学参考书使用，也可供相关建筑设计专业人员使用。

责任编辑：朱首明 陈 桦
责任设计：赵明霞
责任校对：马 赛 陈晶晶

A+U高校建筑学与城市规划专业教材

建筑绘画与表现技法

李延龄 李 李
丁蔓琪 刘 骜 编著
*
中国建筑工业出版社出版、发行（北京西郊百万庄）
各地新华书店、建筑书店经销
北京嘉泰利德公司制版
北京建筑工业印刷厂印刷
*
开本：787×1092毫米 横1/16 印张：10 字数：248千字
2010年3月第一版 2020年12月第十次印刷
定价：49.00元
ISBN 978-7-112-11788-8
　　　（19035）

前　言

　　本书主要为高校建筑学专业和城市规划专业的建筑表现课程所编写，为广大建筑院校教师与学生在建筑表现教学与训练提供既方便又实用的教学图书。目前，虽已经出版大量的表现类书籍，但真正适合建筑学专业与城市规划专业建筑表现课用的书并不多。有一些单一画种技法用书，并不适合作教材。

　　已进入计算机辅助设计的今天，作为建筑与城市规划专业也早已进入了计算机绘图阶段。但目前的设计实践证明，对于每个设计人员，基本的表现素养和基本的表现技能还是不可缺少的。换言之，在校期间仍需要进行大量的表现技能的训练。再者，建筑类专业就业快题考试、研究生入学的快题考试，都离不开快速表现。快速表现需要平时大量的建筑表现训练，以及表现技能与技巧的积累。

　　水粉表现技法的训练，主要是为了提高学生在建筑表现中对色彩机能的认识，通过训练，积累对色彩的敏感度，这也会有益于其他画种的表现，包括电脑效果图的表现。

　　由于时间关系，本书的编写肯定存在着不少缺点和不足，真诚希望有关专家学者及广大读者的批评、指正，以便我们在重印或再版中不断修正、完善。

目　录

第 *1* 章
概 论

1.1　建筑表现图的特点

　　从广义的角度讲，凡对与建筑内容有关的事和物进行描绘的图和画，我们均可称之为建筑表现。早在我国古代社会，描绘建筑内容的表现就有很多，也可以说自从有了建筑以来就有了建筑表现。到了两汉时期，这些描绘更是栩栩如生，四川成都出土的汉画像砖上所绘的宅院图，更近似现代的立面图、剖面图和轴测图（图1-1）。再如北宋画家张择端所作的《清明上河图》，生动清晰地反映出北宋末年汴梁城大量的农舍、店铺、桥梁、城楼以及繁华的商业街等（图1-2）。

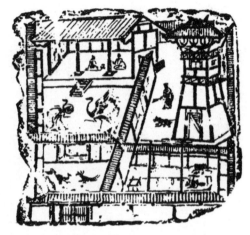

图1-1

图1-2

　　建筑表现是一门融绘画艺术与建筑艺术为一体的学科。因丰富多彩的表现手段，使其具有独特的审美价值和实用价值。面对日新月异的现代社会，建筑表现主要体现在以下两方面：

　　（1）对现代社会人类生活中与建筑息息相关的各种场景进行表现，反映蒸蒸日上的小康生活。

　　（2）对现代建筑设计意图进行表现。本书介绍和叙述的主要是建筑设计的表现与表现技法。

建筑表现也不同于一般的绘画，在形象感受上以及表现要求上都有着自己特殊的一面，充分显示了具有专业特色的真实性、科学性与艺术性。

1）专业特色的真实性

建筑表现图的特点首先是专业特色的真实性。建筑形象的构成受到建筑结构、材料、施工、经济等多方面因素的控制，同时，还需要受到建筑功能、自然条件以及人文环境的制约。所以，在建筑表现时，绝不容许随意挥洒，单纯追求画面效果，它必须符合建筑尺度的准确性，建筑形体的严密性，从而真实地表现出建筑形体、色彩、质感和环境，以真实美好的形象供业主和有关部门参考（图1-3）。

图1-3

2）绘画严谨的科学性

为了保证其客观的真实性，必须以科学的态度来对待建筑表现，综合运用几何透视学、光学、色彩学等学科知识，借助于不同的绘图仪器和工具，力图表现出建筑的时代感（图1-4）。

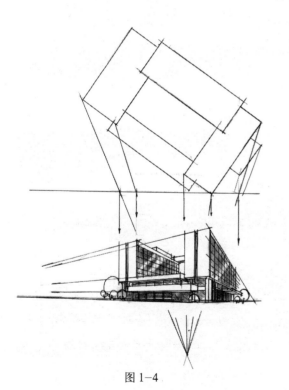

图1-4

3）舒展典雅的艺术性

虽然，建筑表现图必须具有一定的真实性与科学性，同时也需要具有舒展典雅的艺术性，从而较好地表现建筑艺术的不同风格、流派，以及艺术情趣，并表达它的意境。各种类型的建筑，或高耸挺拔、简洁有力，或典雅抒情、宁静安适，都有它们各自特有的造型、功能、色彩和情调，凡此种种都可以通过建筑表现的形式予以艺术地表达，见图1-5 (a)、(b)。

1.2 建筑表现手段的种类

近十几年来，随着建筑业的迅猛发展，建筑画表现的手段与种类也在不断创新和深化。建筑表现图也正作为一种实用艺术异军突起，形成了一个崭新的独立的领域。简便而又实用的表现手段主要有以下种类，可根据不同的表达意图，选择不同的表现种类（图1-6）。

图 1-5 (a)

图 1-5 (b)

1）钢笔表现

工具简便、表现快捷，建筑方案前期的调查研究、资料收集速写以及草图的勾画、方案的推敲等都离不开钢笔表现。

2）钢笔水彩表现

利用钢笔线条图略施水彩的表现手段，在建筑方案设计初期或中期会经常使用。同时，在目前的快题考试中时常采用。这类表现工具简便、出图快捷，深受大家好评。

3）彩色铅笔表现

彩色铅笔的表现也是在钢笔线条的基础上，进行彩铅的渲染。其最大特点是上色简便，而且可以修正或色彩叠加。在方案设计的表现阶段时常用到，同时，也是快题考试一种较好的表现手段。

4）马克笔表现

马克笔表现是一种外来画种，它色彩鲜艳明快、表现快捷，在钢笔线条的基础上进行着色。特别在建筑立面图推敲建筑形体设计的过程中时常用到，同时，也是快题考试中较好的表现手法。

钢笔表现　　电脑效果图表现　　钢笔水彩表现

水粉表现

彩色铅笔表现　　马克笔表现

图1-6

5）水粉表现

水粉表现，虽然它没有前面几种表现手段作图简便与快捷，但水粉表现可以使建筑物立体感更强，层次更丰富，形象更逼真。

今天，我们再次对水粉表现进行训练，其主要目的是：训练初学者的色彩概念，提高建筑表现中对色彩的有机性、敏感性的认识。通过训练，也将对钢笔水彩、彩色铅笔、马克笔乃至电脑效果图的表现，对色彩的认识和对色彩表现机能的理解都有极大的提高。

6）电脑效果图表现

随着计算机辅助设计进入建筑设计领域，电脑效果图的表现日益普及，已进入商业化的阶段。电脑效果图的表现主要应用在建筑方案设计的阶段。在校的学生也需要学习这一表现技能，这对日后的就业会多一种选择。

要作出一幅优秀的电脑效果图，它同样还是离不开建筑水粉效果图绘制的训练（图1-7），换言之，没有良好的色彩表现机能和技能，也就很难表现好电脑效果图。电脑只是一种工具，所有指令都来自作图者的表现素养。

图1-7

1.3 建筑表现课程的性质与表现功能

建筑表现是建筑师所特有的一种表达语言，从建筑设计的草图勾画到后期的形象表现都需要借助于表现手段来实现。为此，低年级同学必须尽快掌握其表现技能。

1.3.1 建筑表现课程的性质

建筑表现可以说是一门融表现艺术与建筑技术为一体的课程。就表现而言，初学者必须具有良好的美术基础和一定的审美能力；就建筑技术而言，初学者还需要具有一定的建筑造型能力和良好的绘图技能。

建筑表现课程也是一门多学科综合运用和实践性很强的课程。学习该课程之前，我们都经过了美术课的造型能力的训练，学习了建筑初步课程的建筑基本知识，进行了建筑制图课程中严谨的建筑制图的训练，如图1-8所示。融合各学科的知识，不断反复实践、观察、再实践，逐渐提高自己的观察能力和表现技能，为建筑设计与表现打下了良好的基础。

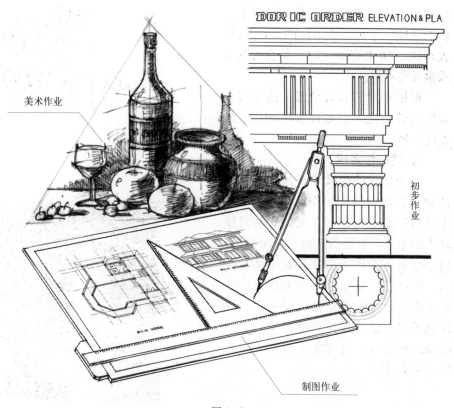

美术作业

DORIC ORDER ELEVATION & PLA

初步作业

制图作业

图1-8

1.3.2 建筑表现图的功能与要求

建筑表现是为建筑设计服务的，而建筑表现图在建筑设计领域又有怎样的功能呢？可以说不同的设计阶段，表现图的功能是不同的，其表现的要求也有所不同。

根据不同的设计阶段，通常可分为调研性表现、推敲性表现和展示性表现三种。

1）调研性表现

一个良好的建筑设计，它是离不开周全的前期调查研究，原始的第一手资料收集。虽然，在现代化高科技时代的今天，有数码相机、摄像机等，但还是有不少调查的资料是无法拍摄的，例如某一建筑的平面布局、构造层次做法，外貌体形被大树或某一物体遮挡时，以及现场环境必须标记和记录的图形等，这都离不开调研的表现（图1-9）。

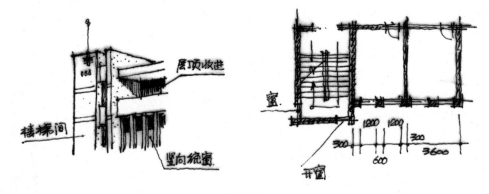

图1-9

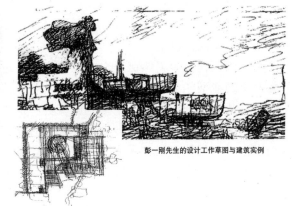

彭一刚先生的设计工作草图与建筑实例

图1-10（*a*）　彭一刚教授工作草图

2）推敲性表现

建筑方案的创作设计是一个要经过反复推敲、深化的过程，它需要通过建筑师的自审、自律和自我认识来完成的。因而，推敲性表现正是建筑师用来表达设计构思的重要手段。

设计初始，设计师的设计思路是思绪万千、朦胧而含混的，此时，最好的办法就是用笔"涂鸦"，在"涂鸦"中推敲、琢磨，从而快速记录，诱发出新的灵感与设计火花，使其设计构思不断地深化，向更高的层次发展（图1-10a、b）。

这样的推敲伴随着设计阶段的深化和提高，徒手表现无所不在，它贯穿于方案设计的全过程，乃至施工图设计过程中节点构造大样图的推敲。

3）展示性表现

展示性表现是为阶段性设计成果的讨论和成果汇报而用。由于是最终成果的表现，这些图纸都需要提供给业主、上级领导以及有关审批部门等，这些图纸的表现必须严格按照国家制图标准和规范绘制，同时也需要有较好的艺术效果。

这些图纸主要有：建筑总平面图、各层平面图、主要立面图、剖面图以及建筑效果图等（图1-11a、b）。

陈世民先生的设计工作草图与建筑实例

图1-10（b） 陈世民大师工作草图

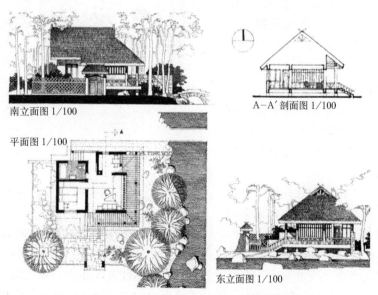

南立面图 1/100

A-A′剖面图 1/100

平面图 1/100

东立面图 1/100

图1-11（a） 天津大学 彭一刚教授作品

1.4 建筑表现课程的学习方法

建筑表现技法的提高并非一朝一夕, 俗语说, "冰冻三尺, 非一日之寒", 这类技法性和实践性较强的课程, 仅靠一些基本理论、技法、要领和一般的练习是不够的, 这就要求我们平时加强练习, 持之以恒, 这就是所谓的 "练手", 这也是技能提高训练行之有效的方法。很多优秀建筑师在学生时代就养成了这一习惯, 每天抽出一些时间画上几笔, 日积月累, 使他们能得心应手地把自己心里所想的空间和形象信手画出, 杰出的建筑也就从他们手中诞生。

在这里, 我们建议初学者准备一本速写簿, 平时利用课余时

图 1-11 (b) 天津大学 鼓一刚教授 作

间上图书馆, 借阅一些建筑画的书刊杂志, 里面有很多优秀的建筑画和徒手建筑画, 这都是一些很好的学习素材, 可以进行临摹。随着绘画技能的逐步提高, 又可以上街道、公园、工地……进行一些户外建筑写生和速写, 直接了解建筑造型的构造形式以及色彩的变化规律。通过写生, 掌握建筑造型的规律和表现能力, 并且通过写生和速写记录设计素材, 最终是为了丰富建筑设计中的形象语言和建筑设计的表现力, 同时也使得我们的绘画技能有很大的提高。

第2章
建筑表现基础理论

大家对建筑形象的认识已有了初步了解，但这对于画好建筑表现图还是很不够的。在本章，我们将着重阐述一些建筑表现的基础理论，它包括如何处理建筑透视的艺术效果，透视图的色彩、材料质地表现以及建筑环境的设计与表现。

2.1 建筑表现图中的透视

本节主要讲述如何画好透视图。单纯以人的视觉清晰为依据，做到无误是不够的，还必须考虑到建筑物的特点，画面的艺术效果，合理选择透视的视角、视点和透视图的类型，只有这样，才能较完善地表达出设计意图。

2.1.1 透视角度的选择

合理选择透视角度（建筑物与画面夹角），是绘制透视图很重要的一步，角度的选择将直接涉及到能否正确地表达设计意图并取得良好的视觉效果（图2-1）。

一般情况下，建筑物主面与画面夹角小，透视现象就平缓，有利于表现建筑物的实际尺寸概念，且使建筑物体积主次分明（图2-2a、b、c）。

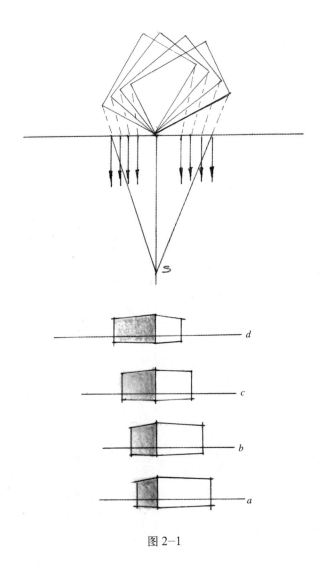

图2-1

透视角度一般忌用建筑物两个面与画面夹角大小较接近，透视轮廓线两个方面的斜度也比较一致，这样画出来的透视图效果显得呆板，而且主次难分（图2-2d）。

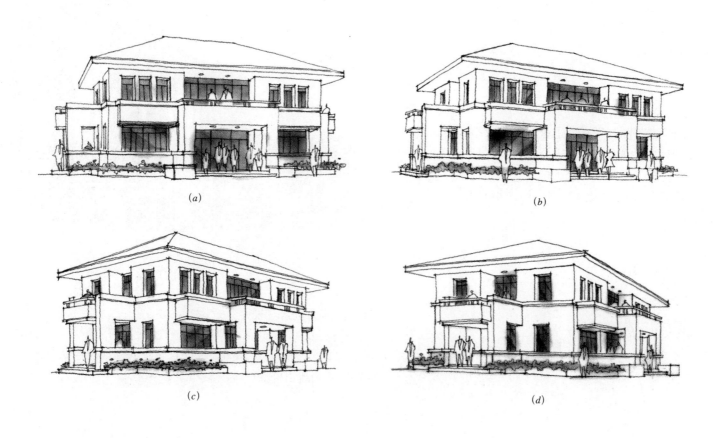

(a)

(b)

(c)

(d)

图2-2

但有时为了突出画面深远的空间感，或表现建筑之雄伟感，我们也选择建筑物主要一面与画面夹角较大，使其有急剧的透视变化。同时在画面局部上，建筑物主要的前方留有足够的地方，使空间显得舒展开阔，使建筑物更为高大雄伟（图2-3）。

2.1.2　视点的选择

视点的位置不同，所画的透视效果也会不同。视点位置的确定主要由三个方面来控制，即左右位置、前后位置（视距）和上下位置（视高）。根据不同建筑物和设计的表达意图，选择不同的视点位置。

图 2-3

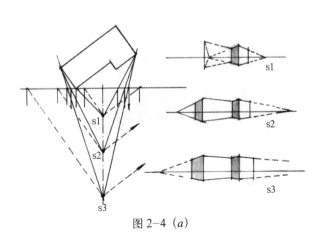

图 2-4（a）

1）视点的前后位置（视距）选择

视点离开画面的前后位置即为视距，视距越近视角越大，视角＞60°会失真，图 2-4(a) 中 S1 现象和图 2-4(b)，理想的视距应控制在 30°～40°之间，如图 2-4 (a) 中 S2、S3 现象和图 2-4 (c)。

图2-4（b）

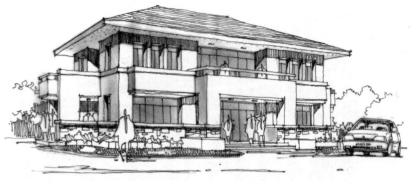

图2-4（c）

2）视点的左右位置选择

视点位置的选择应保证透视图有一定的体积感，也就是说透视图中至少应看到一个体积的两个面。如果建筑物与画面的关系不变，可将视点左右位置移动来获得体积感。如图2-5（a）有一个灭点已落在建筑物体积内，只见到一个面，完全没有体积感；图2-5（b）图一个灭点过于靠近建筑物，不能充分表现体积感；而图2-5（c）图体积感较强。这里所讲的只是一般的常见规律，有时，在某些特殊情况下也可画出特殊效果，如图2-5（d）其中有一个灭点已落在建筑物体积内。由于该建筑外部为一道空廊，则通过一个体内灭点，充分反映其内部空间，效果极好。

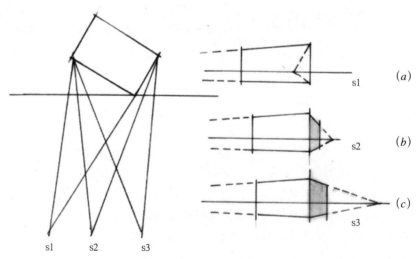

图2-5

图 2-5 (*d*)

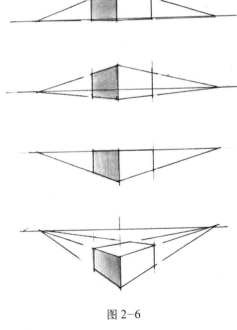

3) 视点高度的选择

视点的高度位置不同，在透视图中产生的效果也会不同（图 2-6）。在室外透视中，我们观看建筑物体通常眼睛到地面的高度约 1.6m，所以一般无特殊要求的建筑物，都可以把视点高度（也就是视平线高度）定在 1.5～1.6m 左右，这样所绘制的透视图真实感强，如图 2-7 所示。

图 2-6

对于一些纪念性建筑或者设想使该建筑物更具有高大雄伟感，我们可以将视平线适当降低一些，见图2-3。对于一些低层建筑和特殊地形的山坡建筑一般也降低视平线，使画面有宁静安稳之感，同时还会产生一种亲切感。

图2-7

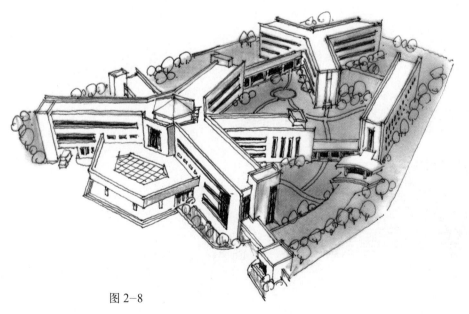

表现三度空间的一些建筑群体与环境时，我们应将视点提高，绘制出鸟瞰图的效果，城市规划设计常用这类透视，建筑物与环境（道路、绿化、院落、广场、河流等）以及建筑群之间的关系一目了然，如图2-8所示。

图2-8

2.1.3 透视类型的选择

一幅理想的表现图还是离不开合理选择透视的类型，不同类型的透视均可反映出不同的透视效果。

1）一点透视

一点透视也称平行透视，适用于横向场面宽广、能显示纵向深度的建筑群体和室内空间。一点透视的特点是能清楚地反映出主要立面正确的比例关系。一点透视只有一个方向、一个灭点，为了避免画面呆板，透视灭点一般不宜设在画面的正中，以画面 1/3 左右位置为好（图 2-9）。

图 2-9

某商业一条街，两侧大楼高低起伏，通常会采用一点透视法，其灭点定在画面的1/3或2/5处（图2-10）。

图2-10

民居写生，在狭小的弄堂内，通常也都采用一点透视，其灭点也会定在画面的1/3或2/5处（图2—11）。

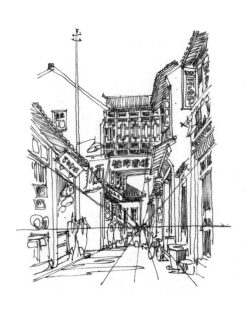

图 2—11

当建筑物为对称时，会将
灭点定在画面中央，更进一步
显现其对称性（图2-12）。

图2-12

2) 两点透视

两点透视即成角透视，它比一点透视多一个透视面，透视效果较为真实、自然，与相机拍摄的显像原理相同，为广大设计师所接受，是建筑设计过程中最常用的一种透视（图 2-13、图 2-14），其视平线高度通常定 1～1.5m，不宜过高。

图 2-13

图 2-14

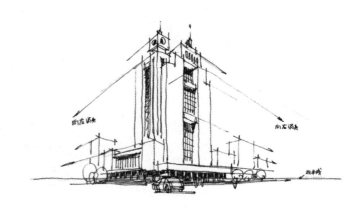

3）三点透视

三点透视的表现力很强，它除了左右两个透视灭点以外，还会有向上消失的"天点"或向下消失的"地点"。三点透视一般常用于高层建筑和鸟瞰图（图2-15、图2-16）。

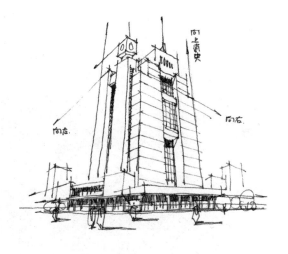

图2-15

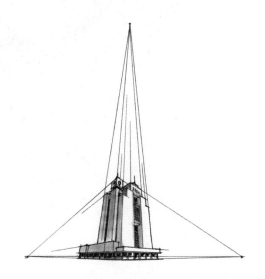

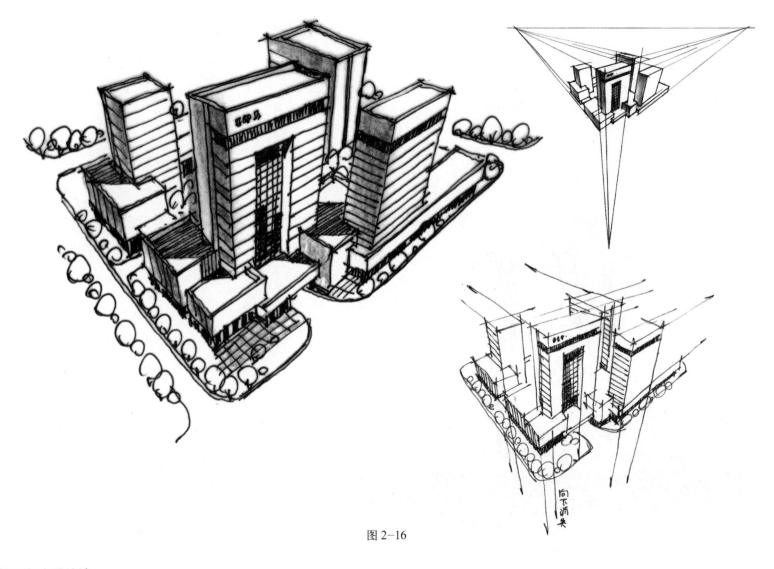

图 2-16

2.2 建筑表现图的构图

2.2.1 画面构图

所谓构图，简单地讲就是如何组织好画面。在美术课中外出写生时，老师会教我们如何去观察对象，从哪个角度去观察。采用竖向画面，还是横向画面，写生对象在画中的位置和容量大小等，这些都与要表现的主题思想有着密切的联系。

建筑画不同于写生，它是建筑设计思想的表达，建筑画的绘制必须反映出建筑的设计思想，建筑的形象特点和建筑的环境气氛特征，综合考虑，较艺术地予以表达。

图 2-17 (a)

1）画面的图幅形式

画面的图幅形式要适应建筑物的类型、性质、造型、体量等特征。一般说，单幢高层建筑宜采用竖向构图，其他类型的建筑都可采用横向构图。

图2-17 (*a*) 为某低层建筑，建筑物扁平，故采用横向图幅。横向构图有安定平衡之感，使建筑物显得稳定开阔。图2-17 (*b*) 为某高层建筑，竖向构图有高耸向上之势，使建筑物显得雄伟挺拔。

图 2-17 (*b*)

再如图 2–18 所示，同一景物，也可根据表达意图，选择不同的横向与纵向构图。

图 2–18

2）建筑物在画面中的位置

建筑物在画面中的位置，主要从左右和上下两个方面来控制。

（1）左右位置：在有两个灭点的建筑外观透视图中，建筑物一般不要放在画面的正中，通常是稍稍偏一些，把建筑物正面所对的空间留得大一些（图2-19a）比较适宜，否则建筑物前面会显得拥挤、闭塞（图2-19b）。

(b)

图 2-19

(a)

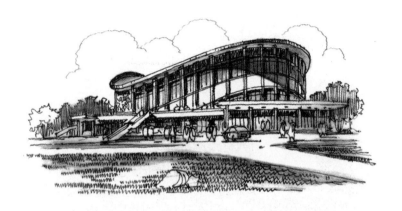

（2）上下位置：画面中建筑物的上下位置，将直接关系到天空与地面的位置，一般在1.6m左右的视高下，地面不会看到太多，天空位置大于地面位置，如图2-20下图，建筑物所在画面位置较好；而图2-20左上图，过大的地面不仅不容易处理，还会显得空旷、单调，而且天空太少就会给人一种压抑感；再如图2-20右上图，天空位置过大，地面太少，给人感觉很不舒服。

图2-20

3）画面的均衡

一幅建筑画的画面通常是要保持均衡的，如果一边轻一边重会感觉到不稳定，看起来也不舒服。因为一般情况下，两点透视都会产生一种近大远小的透视现象，这种透视现象给画面已经构成了不均衡。再者，对于一些本身就有层次高差的建筑物或高层建筑中主楼与周围的裙房，在透视中也会带来构图不均衡，如图 2-21(a) 图。像这类不均衡现象通常都要经过配景的设计，包括树林、云层、电杆以及近建筑物体以达到画面均衡，如图 2-21(b) 图和图 2-21(c) 图，通过配景保持均衡。

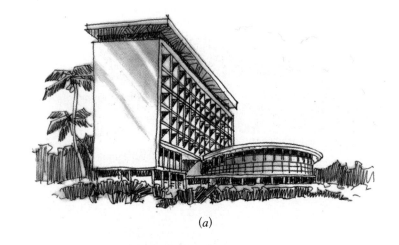

(a)

(b)

(c)

图 2-21

另外，在配景设计和绘制时，还应该避免与建筑的外轮廓发生重复（图2—22a），同时也避免因配景而将建筑物一分为二显得单调（图2—22b和图2—22c），在建筑物两侧配景过于对称显得呆板的感觉。

以上所阐述的只是构图中的一般问题，在具体的绘画中千万不能机械地套用，对于不同的建筑物、不同的环境，还需要根据它的特点来分析。总的来说，画面的构图是千变万化的，我们在作画之前，应当就画面的构图多作几种方案进行比较，方能取得较好的效果。

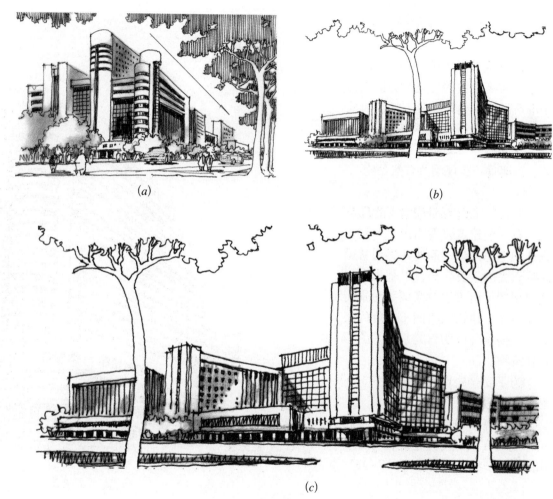

(a)

(b)

(c)

图 2—22

2.3 建筑配景设计与表现

建筑表现图中所描绘的都是处于真实环境中的建筑物，因而除了准确地表现建筑物外，还要真实地表现建筑物所处的环境气氛，这就要求我们不仅要善于表现建筑形象，还要善于表现某些自然景物。

2.3.1 配景设计应考虑的几点

有一些建筑表现图由于对配景设计的考虑不够，而使人感到枯燥乏味，失去了真实感，但是也有一些表现图，由于过分强调了配景而喧宾夺主。建筑画不同于一般的风景画，描绘环境的目的是更好的陪衬建筑物。

为了妥善处理好建筑配景，在配景时应考虑以下几点：

（1）尊重地形、地貌，反映真实环境和气氛，使其建筑物与环境和谐、协调，给人逼真感（图2—23）。

图2—23

（2）配景设计应与建筑物的功能相一致，如宁静与亲切气氛的住宅建筑，风景美好的园林建筑，车水马龙的商场建筑等。

（3）充分用配景来衬托其建筑物的外轮廓，突出建筑主体，通常采用由深托浅、以浅衬深的原则。

2.3.2 建筑配景的表现

作为建筑配景所涉及到的内容很多，如：云、树、山、石、草地、路面、人物、车辆等。都可以作为配景，以丰富我们的画面。但由于教材幅面的问题，以下主要介绍最常见的树木、车辆以及人物。

图2-24

1) 树木

树木千姿百态，我们先从最常用的树木中，根据不同的树形进行分类，掌握其不同的特征，再进行绘制（图2-24）。

（1）首先，掌握不同的树形与特征，常见树形有：乔木类伞形、灌木类球形和塔形等。

（2）同时，也要了解树枝杆的生长特点，不同的树形分别会有不同的枝干生长特征。

（3）最后，还应该搞清楚树的明暗与体积。自然界中树的明暗直接关系到树的形体与体积感，通常都会有黑、白、灰三色，不同的树形都会有着不同的明暗与体积感。绘制时也不宜变化太多，以免喧宾夺主（图2-25）。

图2-25

2）车辆

车辆是建筑表现图中比较重要的配景景物，各种车辆的绘制首先要把握车辆与建筑物的比例关系。同时，还必须掌握好车辆基本形状和车辆各部位之间的比例。同时要注意车辆长、宽、高的尺度（一般家庭三厢轿车长为 4.5m，宽 1.7m，高 1.5m 左右），在配景时一定要注意与视平线之间的关系，准确表达能给画面增添生机（图 2-26，图 2-27）。

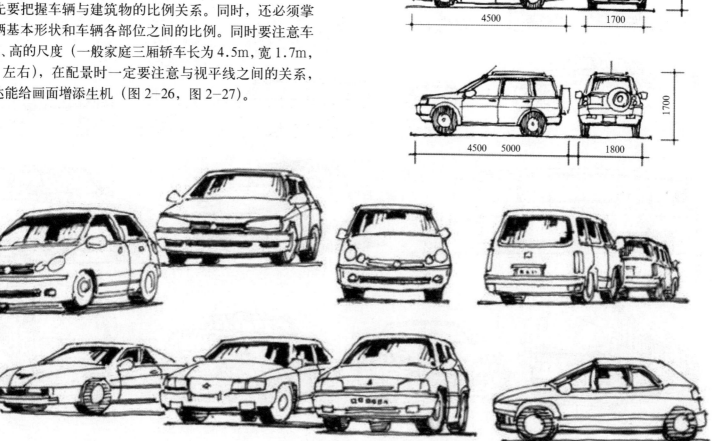

图 2-26

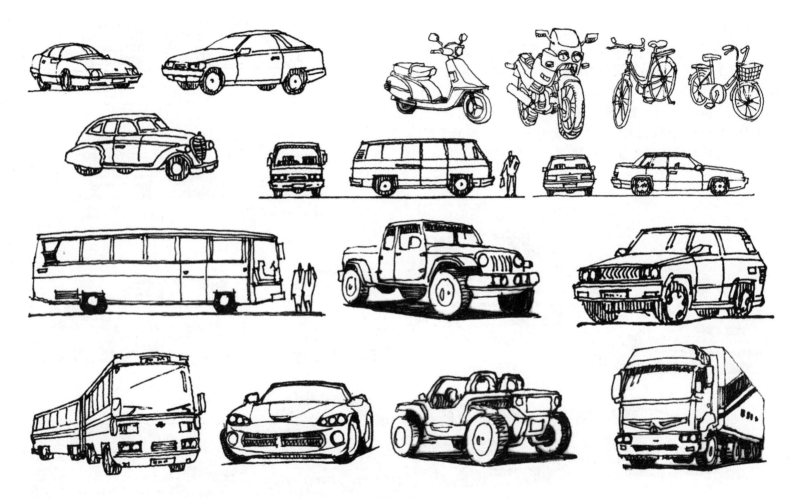

图 2—27

3）人物

人物的配置给建筑增添了较强的尺度感和生机，其人物的绘制只求人体与建筑物之间的尺度关系，要强调的也是人体高度与视平线之间的关系。通常人体高度为 1.6 ～ 1.8m，但不宜刻画细部（图 2-28）。

图 2-28

第 3 章
钢笔画表现技法

钢笔图表现特别是钢笔徒手表现是建筑师们在建筑设计过程中最常使用的一种。因为，建筑设计有一个逻辑思维和形象思维的过程，在这一过程中必须要有对形象的认识、理解、记忆和创作，在这一系列过程中，建筑徒手表现的手段在建筑形象塑造过程中就会发挥出极为重要的作用。

3.1 钢笔图表现的特点

钢笔表现从绘图的工具上可分为：徒手表现和工具表现两种，这两种表现各有不同的特点，可根据不同的要求进行选择。

通常来说，在建筑设计前期的调查研究、资料收集以及建筑方案的设计推敲、草图勾画和建筑速写等都采用钢笔徒手表现（图 3-1）。但在建筑方案设计成图阶段和展示阶段，多以工具线条表现（图 1-11）。

钢笔表现从风格上讲，线条流畅、粗犷，下笔自然而不停滞，笔触极富神韵。从作画要求上讲，它必须高度地概括、提炼，做到意在笔先，只有胸有成竹，才能下笔果断流畅。

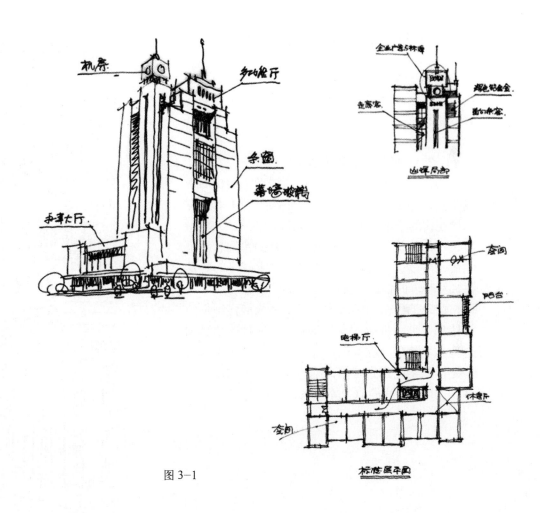

图 3-1

3.2 钢笔线条的单线与排线表现

从钢笔线条的表现技法上来讲又可分为单线线描表现法和排线表现法，这两种线条表现均有着不同的表现效果。

3.2.1 单线线描表现法

钢笔单线线描是一种高度简洁而又明快的表现手法，它依靠曲直、粗细、刚柔、轻重而富有韵律变化的线条，达到对复杂形状与特征的概括，所表现的建筑形象，只凭起伏而有韵律的墨线来完成。所以这一表现手法正受到越来越多的建筑师和初学者的普遍赞赏和接受（图3—2）。

在硬笔作画的领域中，以钢笔线描作画最为便捷和常见，也最具专业功能。单线线描建筑画也是各类建筑画的基础，要掌握好线描建筑画的技能，既要注意到基础训练，同时还需要注意比例与透视、景物的取舍等问题。

图3—2

1）比例与透视

由于单线线描法要求本质地、清晰地表现建筑与环境，故而对建筑的比例及透视的要求特别高。不少同学在室外徒手作图时往往都失去了对比例与透视等问题的把握，其根本原因还是平时缺少分析、判断与练习。在此，建议初学者早期练习宁可慢一点，不要混，养成一个良好的习惯，练就一双明锐的眼睛。

图 3—3

同时，也建议利用透视纸（把透视纸衬在一定透明度的作图纸下）进行作图，从而寻找透视规律（图 3—3）。

2）景物的取舍

单线线描的造型与表达，要求作者能排除光影、明暗的干扰，准确地抓住对象的基本组织结构，仔细观察，高度概括。同时，还必须做到在纷乱繁杂的自然界中抓住焦点，略去细节，切忌无取舍地简单反映。

与此同时，也不能忘却画面的构图，景物的疏密、虚实与繁简的对比问题。线描表现缺乏明暗，所以必须尊重线描别具一格的法则，通过线条的疏密组织，繁简、虚实处理和异类线条的运用等技法，从而获得良好的画面效果（图3-4）。

图3-4

3.2.2 排线表现法

排线表现是靠钢笔线条通过不同的排列组合，构成明暗色调的方法表现景物。它既有素描层次丰富的表现力，又具版画黑白强烈对比特点（图3—5）。

排线组合表现除了必须掌握前面所讲的一些构图、比例、透视、取舍等要领以外，还需要强调的是线条排列的走向、长短以及曲直、韵味等要领。虽然这是一张静物写生，但它反映的特点和与建筑表现是一样的。

图3—5

钢笔排线除了纯白或纯黑外，凡中间色调不同灰色全靠这些线条排列。不同的线条、不同的排列均会产生出不同的艺术效果（图3-6）。所以在表现时应注意以下几点：

（1）建筑物几个面或复杂的形状，其排线的方向应视具体的细部而定。在不同方向的排线中，应以一个方向占主导地位，以加强整体排线的统一。

（2）画面的排线宜长短结合，长了会单调，短了会琐碎，应视景物和画面作具体的安排。

（3）运笔要放松自如，特别是心态一定要放松，切忌紧张，在外出速写和写生前，先找一些不同的范本进行临摹分析，掌握一定的规律和表现技巧，并找到属于自己的笔法，抒发自己的情感。

图3-6　欧阳桦　作

3.3 建筑速写

3.3.1 建筑速写的表现要点

速写表现顾名思义是以简单而又快速的手法来表现景物（图3-7、图3-8）。

建筑速写也是训练学生构思与表现能力的一种理想的手段。成熟的建筑师们都会用快速手法来勾画自己的设计草图和效果图。

图 3-7　上海陆家嘴　李延龄 作

图 3-8　浙江西塘电影院　欧阳桦 作

3.3.2 建筑速写的用线

建筑速写的用线主要可分为：单线速写、排线速写以及综合用线，各自均有独特的魅力。

特别是综合用线，它可以在单线的基础上，适当地运用一定的排线（图3-9），但更有作画者在单线绘图的基础上，对于建筑的暗部直接涂黑表现（当然在大面黑色阴影中还需要一定的留白，以示结构与层次），黑白分明使得画面更具魅力与神韵（图3-10）。

图 3-9　李延龄 作

图 3-10　郑炘 作

3.3.3 建筑速写表现要点

观察：从整体到局部，快速敏锐；

分析：以少胜多，舍取结合；

构图：意在笔先，整体着眼，艺术构图；

下笔：先主要后次要，意在笔先；

运笔：心要静，手要松，一气呵成；

线条：要流畅有顿挫，笔力遒劲。

（图 3—11、图 3—12）。

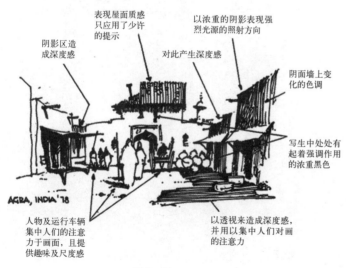

表现屋面质感只应用了少许的提示

以浓重的阴影表现强烈光源的照射方向

阴影区造成深度感

对此产生深度感

阴面墙上变化的色调

写生中处处有起着强调作用的浓重黑色

AGRA, INDIA '78

人物及运行车辆集中人们的注意力于画面，且提供趣味及尺度感

以透视来造成深度感，并用以集中人们对画的注意力

图 3—11

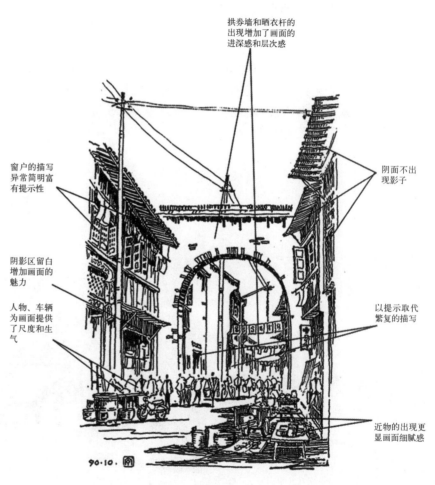

拱券墙和晒衣杆的出现增加了画面的进深感和层次感

窗户的描写异常简明富有提示性

阴面不出现影子

阴影区留白增加画面的魅力

人物、车辆为画面提供了尺度和生气

以提示取代繁复的描写

近物的出现更显画面细腻感

90.10.

图 3—12

3.3.4 彩色速写表现

彩色速写在我国流行时间不长,但很快就被广大美术爱好者和建筑师们接受。彩色速写的最大特点是在钢笔速写的基础上略施一些颜色,进一步加强建筑的空间效果与艺术魅力(图3-13、图3-14)。

彩色速写的上色种类与方法还是比较多的,如:透明水彩、彩色水笔、彩色铅笔、马克笔、粉画棒等,或将几种彩色混合使用以达到最佳表现效果。

图 3-13

图 3-14

1）彩色速写的用具与材料

彩色速写的用具，它是在普通钢笔速写用具的基础上，根据不同的上色情况来决定其用具和材料。

由于上色的种类较多，如：水彩、彩铅、马克笔、粉画棒等，其用具也较多，画者可根据自己的喜好和特长，选用上述种类，带上用具。但有一点，因为是速写，为此所带的用具也尽可能的小巧、数量精减，以方便携带与作画为原则。

对于用纸，一般情况也是根据上色颜料而定。除水彩上色必须用水彩纸以外，其余几种均可选用不小于80g的白色绘图纸或卡纸（其实80g复印纸也是不错的）。

图 3-15 （美）罗伯特·奥列佛 作

2) 彩色速写的表现

(1) 强调色彩机能，增加画面效果

充分应用色彩机能，不同的色彩会有不同的明度，会给人不同的感受，例如冷暖感、距离感、重量感以及膨胀与收缩感等。当我们理解并运用好这些色彩的机能，会对建筑速写中的光影效果和环境气氛的烘托带来极大的好处。同时，在钢笔勾画时，可省去一些线条，对于非画面重点部位，可用和谐淡雅的色彩一带而过（图3-15）。

(2) 色调和谐统一，主题重点突出

建筑速写受到时间与画幅的限制，同时，又需要有高度的概括和提炼。所以在色调的统一性上要求更严，色相也不宜太多，对一些明度和色彩较高的颜色不宜随意铺刷，通常会在画面的重点部位起"画龙点睛"的点缀作用，极大地提高彩色速写的艺术魅力（图3-16）。

图 3-16 （美）罗伯特·奥列佛 作

第4章

钢笔水彩表现技法

4.1 钢笔水彩表现的特点

钢笔水彩的表现其实是钢笔线条与水彩相结合的一种表现。它以钢笔线条与色彩共同来塑造建筑形体，既发挥了水彩表现的轻快、透明之特点，又体现了线条具有的清晰、明确和肯定的长处。

钢笔线条与水彩的结合其表现手法也有多变，其一：用线严谨工整，用色透明淡雅，神似传统的工笔彩绘（图4-1）。

图4-1

其二，用线徒手流畅，用色大胆写意，色调鲜艳，求其现代绘画中的明快简洁（图4-2）。

图4-2 谢道贤 作（香港）

4.2 钢笔水彩的作图程序

1）裱纸与打底稿

钢笔水彩的表现，其用纸为水彩纸，并且需要在图板上裱贴，以防着色后纸面起翘。

在裱好的纸上打建筑图形底稿，通常用 H 或 HB 铅笔为宜（也可根据每人自己的作图习惯选用铅笔）。打底稿时尽可能不要用橡皮涂擦，以防纸面起毛，影响作图（图4-3）。

图 4-3

2）画天空

通常都会先画天空，在着色前可先用清水将天空需上蓝色的部分刷湿，并留出白云位置。略等半分钟（这时间与气候有关，视其清水的干湿度），趁湿画天空（根据不同的天色选用不同的蓝色）让其自然渗透，形成云层效果，需注意的是在画天空时，一定要处理好天空与建筑物的界线，尽可能地守准界线（图4-4）。

图4-4

3）建筑物上色

建筑物上色通常从上往下着色（有屋顶的先画屋顶）。同时，先画亮面，再画暗面，而大面积的着色一定要注意光影和退晕效果，其后画落影，最后再画建筑物细部（图4-5）。

图4-5

4）配景上色

　　配景包括树、地面等。一般先画地面，再画远树、近树，画远树时颜色可平涂，较近的树可以作出一定的深浅变化，如图4-6所示。

5）勾线

　　勾线也是钢笔水彩表现的最后一道程序。一般均以黑色绘图笔将其所有景物勾线一遍。但也有用深色颜色水来勾线，如冷色调子画面可用深蓝色或深墨绿色勾线。

图4-6

第 5 章
彩色铅笔表现技法

彩色铅笔的表现已具有一定的历史，早在 20 世纪 20 年代，就有不少国内外建筑大师用彩色铅笔作为一种建筑表现的渲染工具，来表达自己的设计意图或进行形象的表现。

5.1 彩色铅笔的表现特点

彩铅作为一种建筑画的渲染工具，其最大特点是作图快捷、方便，而且对纸张的要求又不高，特别对建筑设计中的快速表现尤为合适，可以根据用笔的轻重与叠加渲染出不同的色彩效果。彩色铅笔的渲染还有另一个特点，就是万一上色不理想，可以用橡皮揩色修改，非常方便。

图 5-1 速写资料收集

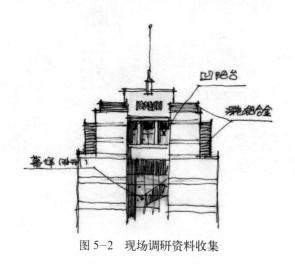

图 5-2 现场调研资料收集

此外，彩色铅笔的表现在户外进行建筑调研和速写、资料收集时携带方便，作图也便利（图 5-1，图 5-2）。

在建筑方案设计草图的表现也是非常实用的（图5-3）。

5.2 彩色铅笔表现的工具与用品

5.2.1 笔

彩色铅笔的类型可分为两种：一种是干性的，也就是普通所用的彩色铅笔；另一种是水溶性的彩色铅笔。水溶性的价格贵一点，其特点是在着色后可用水彩笔蘸水将其色块均匀涂抹，可增加一些水彩的效果。至于干性笔与水性笔哪一种好，只能说各有特点，以个人的爱好或作画风格而定。

彩色铅笔的色彩种类也很多，目前文具市场有24色、36色、48色和72色为多，可根据不同的需要进行选择。

图5-3 建筑方案设计表现草图

5.2.2 纸

彩色铅笔渲染对纸张的要求不是很严，表面光平即可。但表面也不能太光滑，否则，会降低着色力，另外，建筑设计的硫酸纸（又称描图纸）是一种很好的彩铅渲染用纸。根据需要可以正反着色，表现出各色彩的不同明度等。

对初学者来说，在作画前最好先做一些彩铅渲染色块的基本练习，以熟悉不同运笔的特定和效果（图5-4）。

5.2.3 纸笔、揩纸与橡皮

（1）纸笔——在美术用具店有售，用来揩涂彩铅的笔触，使其色面均匀。

（2）揩纸——揩纸与纸笔的作用相似，在大面积色块中揩涂，比较方便，使色面均匀，并可将色面的颜色褪掉一些，根据这一特点，控制揩涂用力轻重也能起到一定的退晕效果（揩涂可用一般废纸，也可用面巾纸，不过面巾纸吸色会多一些）。

（3）橡皮——这里用到橡皮主要用来揩天空中的云朵。在均匀的天空色面上，用橡皮掌握不同的力度揩涂出不同层次的云朵，效果较好。

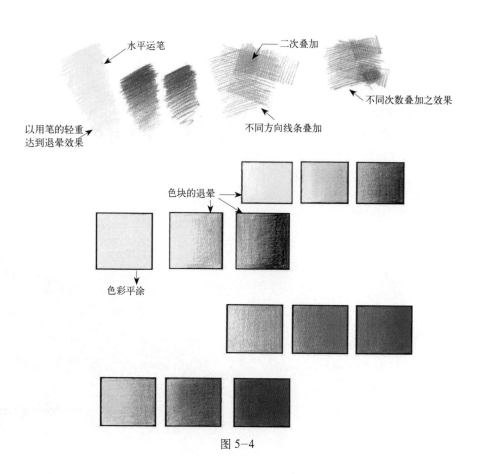

图 5-4

5.3 作图程序

以建筑设计方案表现为例。

1) 打底稿

在普通的白纸或硫酸纸上作图，首先用 H 或 HB 铅笔起稿，待定稿后用墨线笔（针管笔、签字笔均可）完成墨稿（图 5-5）。

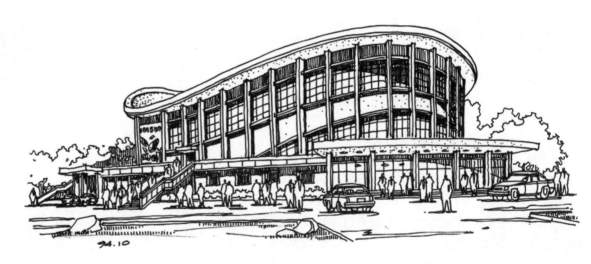

图 5-5

2）建筑物着色

可以先画建筑物主体亮面色彩（对于如何定色调不在此介绍），不管建筑物形体的大小，一般来说在大面积着色应该有一个色彩的光影渐变和退晕的效果，平涂的话会比较呆板。而后进行建筑物的暗部渲染，暗部着色同样也需要有一种渐变的退晕效果（图5-6）。其着色顺序，通常先亮色后暗色，先画上部色彩再画下部色彩，先画整体再画局部。

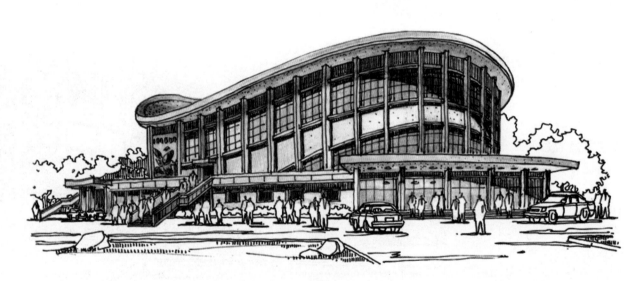

图5-6

3）天空的着色

　　天空的着色与渲染，其色彩与整体画面的色调一定要一致。如图是蓝天白云的效果，那就可以用蓝色的彩铅，其实蓝色的彩铅也很多，至于用哪种蓝色？用湖蓝还是钴蓝，或是用群青？可由作者根据画面效果自己定。初学者一般可用湖蓝的彩铅以排线的方式着色，并在合适的地方留出白云。整个天空从上到下，应该有一个渐变退晕的效果，从而反映出整张建筑画的层次。为了强调色彩的柔和性可减少笔触，在排线的基础上用餐巾纸在色彩面上均匀地涂擦，以达到理想的效果（图5-7）。

图5-7

天空的着色，以蓝
天白云为最多，但也可
是霞光彩云的效果。如
果选用是早晚的彩云，
那么，在整个画面中的
建筑物以及四周的环境
也要充分反映一个霞光
普照的调子，天空的色
彩非常丰富而具变化，
渲染时一定要注意霞光
的色彩与光晕的变化(图
5-8)。

图 5-8

4）环境的着色

环境的着色与渲染，主要是如人、车、树等配景，它们着色的好坏将直接影响到建筑画的整体效果。

绿化的色彩一定要有层次的变化和体积感的塑造，至于绿化着色用哪种颜色好，是春色还是秋色，也要与画面的整体色调相一致（图5-9）。

对于车与人，只需利用一些较鲜艳的红、黄、蓝色作点缀即可，远处的人和车也可着色浅一点，或者把人、车作留白处理，也另有一番味道。

最后，地面着色，一般为深色。同时，还需绘制出地面的光影，充分反映其建筑画的层次与进深效果。

图5-9

5.4 材料质感与配景的表现

1) 清水砖墙

以小比例大面积的清水砖墙面为例（图 5-10）。

（1）在铅笔手稿线的基础上，用墨线笔按一定的疏密画水平线条，并将每一根墨线按一定的间隙断开，上下墨线的间隙与断开不要重叠，应左右错开，以示清水砖墙的不通缝。

（2）选择与砖墙颜色较接近的彩铅进行渲染，同时，根据光影关系适当考虑到墙面的退晕，砖墙的整体色彩有一定的深浅、浓淡的渐变。

（3）选择较深一点色彩的铅笔，再一次勾画有一定断续的水平线条，以示砖缝。

图 5-10

2）毛石墙面

毛石墙面或乱石墙，要表现出（毛石或乱石）块与块之间的体块感，其着色顺序如下（图5-11）。

（1）在墨线稿的基础上，先选择与毛石主色调相近色彩的彩铅着色，通常先平涂和结合适当的退晕。

（2）选择亮一点色彩的彩铅和暗一点色彩的铅笔，对不同色彩与不同明暗的毛石进行一定的点缀性渲染。但要把握好毛石的整体效果，以防凌乱而影响整体墙面的效果。

（3）根据毛石墙面叠砌形式的不同，其表面的凹凸、缝隙也会有不同的大小。因此要结合其凹凸，缝隙的大小不同，用深褐色画出其不同的缝隙影子。

图5-11

3）花岗石、大理石墙面

花岗石与大理石都属于表面光滑、洁亮的石材，一般大理石在石材肌理上还具有较不规则的条纹和图案。而花岗石通常不具有这些纹理和图案，但大部分都会带有大小不等的石莹状和晶体状的石质点，其亮度也不同。这类小点远看不太清楚，一般情况下在渲染中可不强调。这两种材质的表现关键是要表现出材质的光亮度和整体墙面块状划分的效果（图5-12）。

（1）首先作整体墙面的光感与退晕效果，如大理石墙面，可适当作一些纹理表现。

（2）按一定比例绘制整体墙面的石材分格即可，在较小比例的墙面或画面时，也不必再画石材的纹理和块状划分，但墙体一定要有光感。

图5-12

4）木材

木材的表现，除油漆地板有较明显的光亮度、反光和木材纹理外，通常建筑外貌透视中，所表现的木材都不会有大面积的光感和纹理，一般只作一定的光影处理（图5—13），其表现顺序如下：

（1）根据木材的固有色和所需的色彩平涂或适当退晕。

（2）适当强调光影效果，特别是圆木以及强调明暗交接处和退晕效果。

图 5—13

5）玻璃

玻璃表现可分玻璃幕墙和玻璃门窗，通常以玻璃幕墙为多。无论是幕墙还是门窗其表现也可分为两种。第一种，以反射周围景物的反射玻璃表现；第二种，以反映内部景物的透明玻璃表现。

其表现顺序如下：

（1）反射玻璃表现：根据需要将玻璃反射的不同景物，如天空、云彩，以及周围的环境平涂或退晕，以逆光的形式表现出来（图5-14）。

图 5-14

（2）透明玻璃表现：根据不同要求深入表现出室内的家具、陈设或灯光等，通常以暖色为主，这些景物的表现一定要符合不同视角的透视规律（图5-15）。

（3）按比例划分幕墙玻璃或不同门窗的分格线条。

图5-15

6) 配景

建筑配景主要是车、树、人，配景的表现可分为远景与近景，远景的表现只要处理好色彩的大关系，如色相、明度即可，人物也可以留白（图5-16）。但对于近景的表现不光要处理好色彩的大关系，同时，还需要处理好各配景的细部与质感（图5-17），让其更好地映衬着建筑主体。

图 5-16

图 5-17

第6章

马克笔表现技法

马克笔分为水性笔与油性笔两类,其颜色种类都有上百种以上。马克笔的笔头以扁平为主,也有一头扁平,一头尖的两头用笔,可根据作图要求和个人爱好选择。

6.1 马克笔表现特点

马克笔具有色彩鲜艳明快、作图方便的特点。它非常适合现代建筑设计中的快速表现(图6-1)。作者可以根据作图画面的色彩,通过笔触的排列、叠加来完成画面的色彩、明暗以及空间效果的表达。

马克笔的用纸,通常要求纸质表面密度高,不宜太松。例如:白色复印纸、白色卡纸等。淡米黄色也不错,会有不同的表现效果。马克笔可以与水彩、彩色铅笔等工具同时表现。

图6-1

6.2 马克笔的基本练习与配景

6.2.1 色彩及笔法的基本练习

马克笔按其色系分类，大致可分为：灰色系列、蓝色系列、绿色系列、黄色系列、棕色系列、红色系列等。将色彩分类有利于作画和寻找。

1）单色叠加

同一色的马克笔重复涂绘的次数越多，其颜色就会越深。因此不宜过多重叠，以 2 ~ 3 次为宜（图 6-2）。

2）多色重叠

多种颜色相互重叠，可产生另一种不同的色彩，增加画面的层次感和色彩变化（图 6-3）。

3）同色系渐变

马克笔中，可分为数个色系，而各色系中马克笔色都有渐变。在同一色系中进行色系渐变，退晕是作画中常用的手法。作图时，两色的交界处可交替重复涂绘，以达到自然融合（图 6-4）。

4）多色系渐变

不同色系中色彩渐变，先选择适当的色彩进行搭配，以避免色彩的不协调。渲染时，可选择色彩渐变的湿画法，也可选择笔触相互穿插的干画法，以达到自然过渡（图 6-5）。

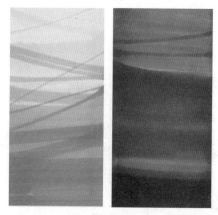
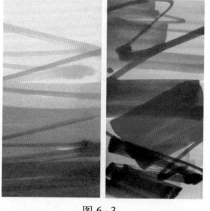

图 6-2   图 6-3

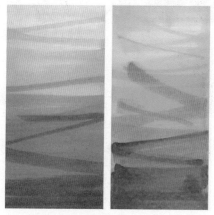

图 6-4   图 6-5

6.2.2 马克笔表现的配景练习

马克笔表现图中最常见的配景也多为：车、树、人。在马克笔上色时需注意以下问题：同一物体，在受光源色和环境色的影响下，呈现在表面的色彩一般较为丰富。上色时，通常只有少许颜色会近似于物体的固有色，需要通过亮面、高光、阴面和影面的表现，给人以真实感。

表现物体时，也可用同一色系进行表现，以得到物体的素描关系，从而表达物体的体积感。

图6-6

第 **7** 章

水粉画技法

7.1 水粉画表现技法的特点

水粉画表现在我国的历史不长，特别在建筑设计表现领域，在 20 世纪 70 年代初才进入。在这以前建筑师们主要运用水墨与水彩渲染来表现建筑效果图。自 20 世纪 70 年代初进入建筑设计领域后，很快得到广大建筑师们的接受与好评。

建筑水粉画表现的最大特点：出色的细部表现力和强有力的覆盖力，构成了强烈的渲染效果（图 7-1）。

图 7-1

7.2 建筑水粉画的材质与配景表现

建筑水粉表现与前面所介绍的几种表现是有一定的区别，它不是以钢笔表现为基础的二次表现。对水粉表现图中的任何景物都是需要用水粉进行塑造，所以对建筑效果图中的常用建筑材质与配景的表现，需要有一定的基本训练（图7-2）。

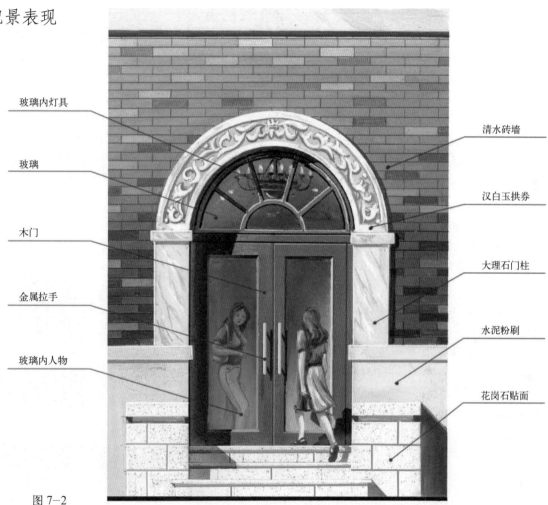

玻璃内灯具

玻璃

木门

金属拉手

玻璃内人物

清水砖墙

汉白玉拱券

大理石门柱

水泥粉刷

花岗石贴面

图7-2

7.2.1 建筑材质表现

1）清水砖墙

清水砖墙（或面砖墙）是常见的墙面材料。它的表现可分两种：

（1）大尺度砖墙的画法（图7—3）：

①根据清水砖墙的基色铺底色。

②在底色基础上按比例画砖块（可用铅笔线），并填上不同深浅的砖块。

③如果涂釉面砖，还需画高光。

④最后用直线笔画砖影。

（2）小尺度的清水砖墙画法（图7—4）：

①先铺底色（铺色时要考虑到墙面的光影变化和退晕效果）。

② 干后用直线笔在底色上用浅颜色直接画线，以示砖缝的勾线，在暗面墙面颜色变暗，其砖缝颜色也将加深，并与墙面协调。

图7—3

图7—4

2）花岗石

花岗石石材被越来越多的建筑所采用，它具有坚实与稳重的质感，其表现可分以下步骤（图7-5）：

（1）根据石材基色，铺画底色（因石材很光洁，整个墙面会产生一定的光洁度，所以在打底色时，也需要做一些退晕效果）。

（2）根据石材肌理，在底色半干不湿时用牙刷喷刷一些色点，以示石材内的斑点肌理（色点，可淡色，可深色，也可深浅两色均有，在练习中多观察不同花岗石的石材肌理斑点）。

（3）待干后，根据比例尺度用直线笔划分花岗石块与块之间的缝隙。

3）大理石

大理石的画法与花岗石画法相似（图7-6）。

（1）同花岗石。

（2）根据石材肌理，在底色未干以前画上一些石材纹理，并注意一定的显与隐，以示石材的肌理变化。

（3）同花岗石。

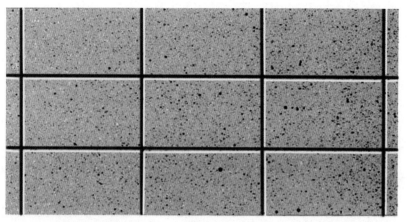

图7-5

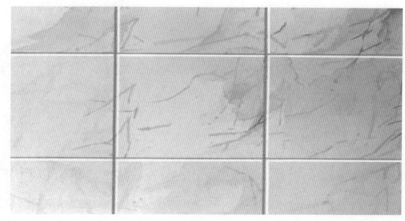

图7-6

4）玻璃

玻璃的表现可分为反射性玻璃和透明性玻璃两种。

（1）反射性玻璃主要为玻璃幕墙，其表现反映出天空云彩或建筑周围的景物，如：高层建筑、大树等。由于玻璃幕墙面积较大，应注意一定的光影变化与退晕效果（图7-7）。

（2）透明性玻璃主要为商业建筑的底层，其反映商店内部景象和灯光，但内部场景不宜画得太清晰，以免喧宾夺主（图7-8）。

图7-7

图7-8

5）毛石墙

毛石墙（或文化石墙），在建筑设计中运用很广，其表现可分以下三步（图7-9）：

（1）根据石材基本颜色铺底色。

（2）在底色上分别画出不同形状、不同大小以及不同深浅变化的块石。

（3）最后勾画块石的影子。

7.2.2 建筑配景的表现

水粉表现建筑配景，主要以天空、地面、车、树、人等为主，以下分别介绍：

1）地面

地面在整张建筑画中，对建筑物起到一个衬托的作用。绘制地面可先用冷灰色作简单的平涂和退晕，在建筑物较亮处画上一些倒影（不宜太拘于透视关系，画上一些分隔线，以示地面透视和空间感、层次感，图7-10）。

图7-9

图7-10

2）天空

天空的面积较大，根据透视原理，近处的天空色彩较纯，以示空间的深远感和空气感。画云时需要注意它的虚实感和体积感，并注意云彩的明暗与透视关系。通常以湿画法为主表现云彩（图 7-11）。

图 7-11

3）树木

画树通常分以下几个步骤（图7-12）：

（1）画树冠

在线稿的基础上，根据受光方向，先画树冠暗部，再画亮部，树冠铺色应依其生长方向运笔，同时塑造树冠的明暗与体积感。最后，在树叶的空隙处添加树枝。

（2）画树干

树干常用两种不同深浅（冷暖）的颜色，以示树干的圆柱体。整个树干（枝）应符合树干内在的生长结构规律，上下贯通，树干不宜太挺直，应有适度曲折，使其刚劲有力。

（3）整体调整

树木的色彩一定要与画面色调相协调。树冠的绿色也会有很大的变化，如：暖绿、灰绿、橄榄绿、蓝绿等。随着气候的变化，树冠的色彩也会有黄色、桔色、红色等变化。这些色调的变化也应该根据画面的色调不同进行配色，一定要与整个画面的色调相协调。

图7-12

4）汽车

汽车的表现，首先应注意汽车与建筑物的比例，汽车自身各部件间的比例和透视关系。根据汽车设计的趋势来看，流线形为主导，前进感强烈，汽车的色彩也越来越丰富，我们可根据画面的需要进行选择，具体表现步骤如下（图7–13）。

图 7–13

（1）车身

可以根据画面的需要确定汽车的色彩，由于油漆反射能力较强，所以车身不能平涂，尤其是深色汽车。汽车朝天空的面受天光的反射，无论汽车本身深浅如何，一般均较亮；车身的转角处由于汽车设计中通常作一些转折的线条处理，因此，容易产生高光和暗部；车身的下部通常反射地面色彩，因此，色彩一般均深一些（图7-14）。

画完车身基本色后，就画车身中的各细部，如车灯、进风口、车牌等。

（2）汽车玻璃

用不同的色彩适当区分玻璃的两个面，通常在较亮的玻璃转角处会出现高光，可以加以表现，然后再画出车内的暗部，用笔要简洁，使车产生运动感（图7-15）。

图7-14

图7-15

（3）车轮

车轮的描绘通常采用简化处理，可以采用赭石、青莲加上少量的煤黑等画出，最后以较亮的色彩点出车轮中间的金属高光（图7-16）。

（4）地面阴影

画完整辆小车后，最后再画地面阴影。画影子时，一定要注意光源的方向，注意影子决不是一片漆黑，需要有一定的变化（图7-17）。

图 7-16

图 7-17

运用水粉强烈的色块机能效果，根据汽车的外形体块，作一定的光影处理，即平涂不同深浅的色块，最后拉一线高光线条即可（图7-18）。

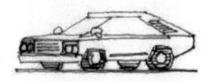

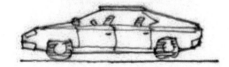

图7-18

5）人物

建筑画中人物的表现对于活跃整张画的气氛起着很大作用，同时对于体现建筑物的尺度以及平衡画面、突出重点都具有相当作用。在建筑画中要求体现人物的姿态和动感，人的脸部相貌一般均可省略，服饰色彩考虑装饰性，采用一些纯度较高的色彩。绘制时，要求画准人物的大比例关系，人物在整张画面上的安排注意疏密得当（图7-19）。

图 7-19

7.3 建筑水粉画作图程序

1）天空

首先在打好底稿的画面上将天空全部涂湿，当水分均匀地渗入纸里以后，用色彩从上而下，渐次画出天空（图7-20）。天空大多用湿画法与干画法结合，饱满的水色，能表现出不同的气候和时间特色，使天空灿烂夺目，或素净恬静，或深沉平稳，以烘托建筑的不同气氛。天空的面积偏大，无论何种天空，上色时尽可能选用一些大号画笔，也可以与中号画笔交替使用。如天空需要绘制云彩时，应注意画面构图的效果及云彩的透视变化。

图7-20

2) 墙面

　　墙面上色是修整画面的主要环节，可把天空色、残留在墙面多余的色彩，在墙面上色时覆盖修整。外墙材料一般面积大而且比较厚重、坚硬，为了表现出这种特点，通常上色时不留笔触，并作一定的退晕，从而把材料的特征表达出来（图7-21）。

　　墙面的着色一般先从亮面着手，然后进行灰面和暗面的着色，最后加上高光和阴影。阴影部分一般先画阴面，由于光影的对比关系，通常阴面都会比影面亮一些。

　　外墙着色要注意大的色调关系，应与画面色调协调。由于外墙面积较大，宜多用复色，少用纯度高的原色或间色。

图7-21

3）玻璃

首先应根据建筑的类型以及画面效果决定表现反射性玻璃，还是透明性玻璃。对于一些小面积玻璃，画时可留出墙面，对每个窗户进行逐个描绘，但要注意整个墙面中窗户的整体效果（图7-22）。

对一些面积较大的玻璃（如墙和柱面积很小），其表现时可先不考虑墙面和柱子的存在，作为大面积玻璃来画，并注意玻璃中的光影效果和反射物，这样一气呵成，玻璃整体感强。

反之，用逐个填色的方法来画，不仅画起来麻烦，而且很难做到色彩上的统一和笔触的连贯性。

最后，画出玻璃的分隔线。

图 7-22

4）建筑细部与配景

配景包括地面、车、人、树（图7—23）。

（1）建筑细部：主要为墙面、玻璃等构建的分格线，以及窗与墙面，墙面与墙面之间色界的修复。

（2）配景：主要是车、树、人、地面等，先画地面，以冷灰色铺底，并作一定的退晕，再画一些倒影和地面分格线，最后画车、树、人，一般只作少量的点缀，近景可适当细化。

5）调整

从整体入手，看看画面建筑与环境以及建筑各部分之间色彩关系是否协调，明度关系是否妥当，如有不妥之处，可作最后调整。

图 7—23

第 **8** 章
建筑画表现实例

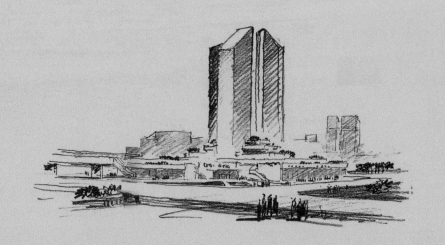

8.1 设计工作草图

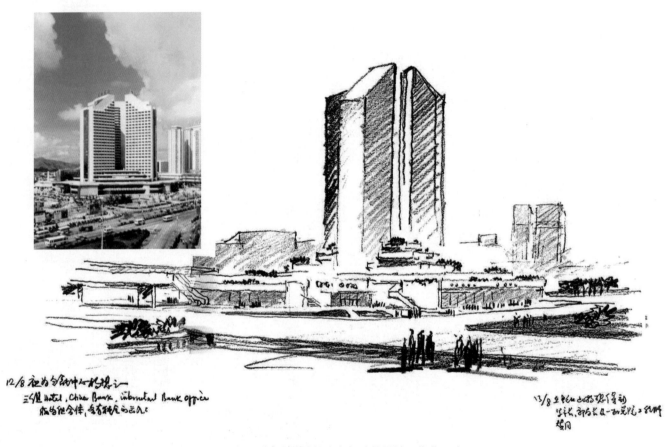

图 8-1 陈世民（国家级建筑大师）建筑设计工作草图选一

实例照片

图8-2 陈世民（国家级建筑大师）建筑设计工作草图选二

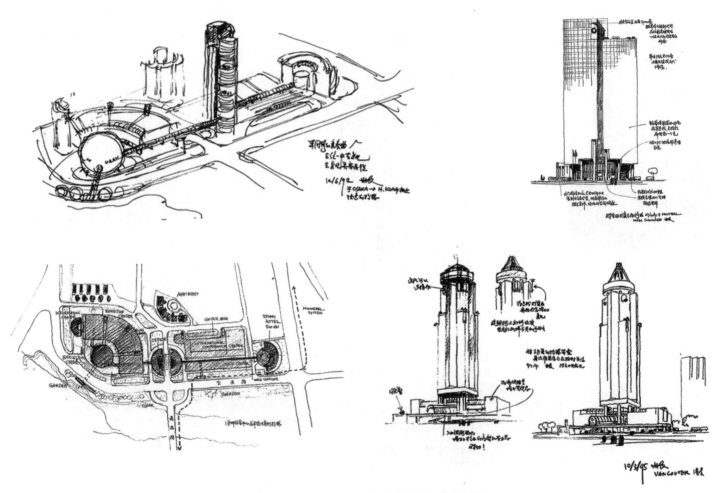

图 8-3　陈世民（国家级建筑大师）建筑设计工作草图选三

杭州火车站实例

杭州火车站方案设计草图

图 8-4　程泰宁（国家级建筑大师）建筑设计工作草图选一

浙江美术馆方案设计草图

重庆美术馆方案设计草图

图 8-5　程泰宁（国家级建筑大师）建筑设计工作草图选二

图8-6 彭一刚（教授）建筑设计工作草图

画院实景

图 8-7 浙江慈溪画院方案设计草图 李延龄 作

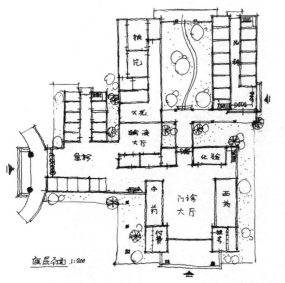

底层平面 1:200

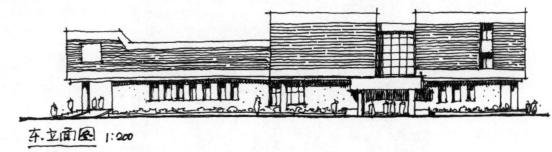

东立面图 1:200

图 8-8　课程设计草图（医院方案）　金辉　建筑 06-1

8.2 钢笔线条表现

平遥古城

皖南民居

图 8-9　钢笔线条表现　鲁愚力 作

图 8-10 钢笔线条表现 徐益群 建筑 84-1

浙江台州民居   浙江台州民居

图 8-11　钢笔线条白描表现　李延龄 作

图 8-12　钢笔线条白描表现　李秀渊　建筑 06-1

图 8-13 建筑速写——湖南民居 李延龄 作

安徽民居

杭州民居

图 8-14　建筑速写　李延龄 作

嘉兴西塘老街

杭州留下民居

图 8-15　建筑速写　李延龄 作

图 8-16 建筑速写——上海陆家嘴建筑群 李延龄 作

沃蒂夫教堂　费凡　建筑 06-1

圣·索菲亚教堂　莫颖瑶　建筑 06-1

图 8-17　建筑速写

安徽民居　倪佳清　建筑 06-1　　　　　　　绍兴民居　姚怡喆　建筑 06-1

图 8-18　建筑速写

(a) 钢笔加水笔

(b) 钢笔加透明水彩

图 8-19 彩色速写 何镇强 作

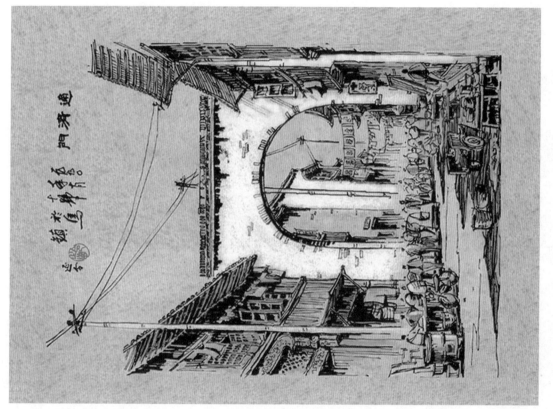

图 8-20 彩色速写（色纸）——乌镇民居 李延龄 作

图 8-21 彩色速写（色纸）——周庄民居 李延龄 作

图 8-22　钢笔加灰色马克笔速写——桂林大圩古镇　李延龄 作

8.3 彩色铅笔表现

安徽民居

图 8-23 彩色铅笔表现 李延龄 作

北京铁路西客站

图 8-24　彩色铅笔表现　李延龄 作

山寨民居

图 8-25　彩色铅笔表现　李延龄 作

新疆白哈巴民居

图 8-26 彩色铅笔表现 李延龄 作

圣母永福教堂

图 8-27　彩色铅笔表现　李延龄 作

乡村小镇民居

图 8-28 彩色铅笔表现 李延龄 作

图 8-29 彩色铅笔表现——欧式古典建筑群 李延龄 作

图 8-30 彩色铅笔表现——杭州黄龙饭店 李延龄 作

入口处叠水　　　保留原有二棵大树　　　3号楼主体建筑　　　口喷水（旱喷）　　　木制空架亭　　悬崖

图 8-31　彩色铅笔表现——浙江义乌望道农庄景观设计　李延龄 作

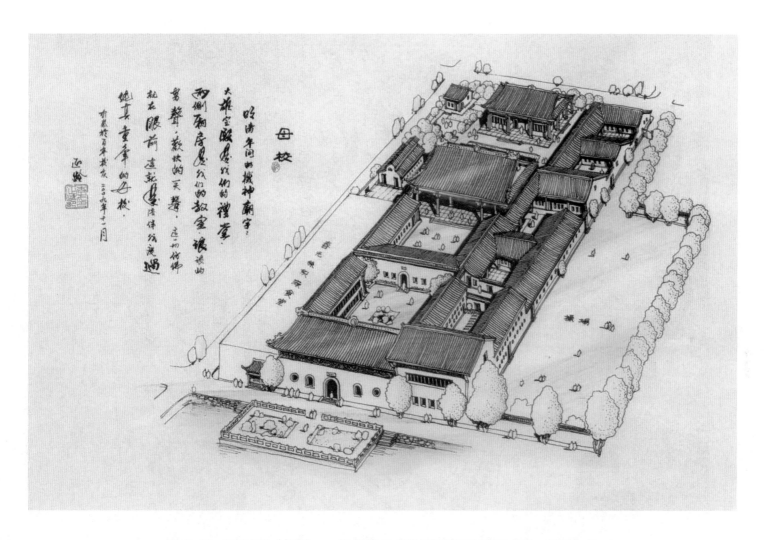

图 8-32　彩铅表现（色纸）——20 世纪 60 年代初杭州东园小学全景图　李延龄 作

图 8-33　彩色铅笔表现　翁贵银　城规 08-1

8.4 马克笔表现

安徽民居

湘西民居

图 8-34 马克笔表现 李延龄 作

图 8-35 马克笔表现（临摹） 戴璐邑 建筑 07-2

图 8-36　马克笔表现
　　——上海徐家汇教堂　郦晶　建筑 06-1

8.5 钢笔水彩表现

图 8-37 钢笔水彩练习（临摹） 梁珂冉 建筑 06-2

图 8-38　钢笔水彩练习（临摹）　顾潇睿　建筑 07-2

图 8-39　钢笔水彩表现　佚名

8.6 水粉表现

图 8-40　水粉练习（色块）　张晨东　建筑 07-2

图 8-41 水粉练习（材料质感） 朱韵飞 建筑 02-2

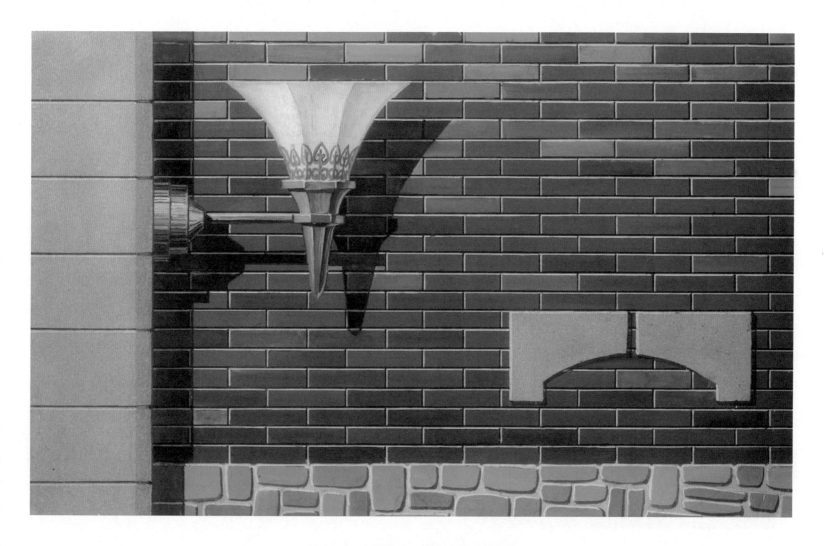

图 8-42　水粉练习（材料质感）　周国强

图 8-43　水粉练习（配景）　林放　建筑 05-1

图 8-44　水粉练习（配景汽车）　张晨（左）　方旭（右）　建筑 06-2

图 8-45　水粉表现（配景）　佚名

图 8-46 水粉表现——杭城新貌 李延龄 作

图 8-47 水粉表现——温州大酒店 金捷 作

图 8-48　水粉表现——联体别墅　佚名

图 8-49　水粉表现（临摹）　吴敏颖　建筑 03-1

图 8-50 水粉表现（临摹） 高雯瑛 建筑 03-1

图 8-51　水粉表现（临摹）　曹韵　建筑 03-1

图 8-52 水粉表现（临摹） 王百乐 建筑 94-1

图 8-53　水粉表现（临摹）　孟静亭　建筑 08-2

图 8-54 水粉表现（临摹） 金捷 建筑 86-1

图 8-55 水粉表现（临摹） 俞桂蓉 建筑 94-1